小食光！
人气轻食简餐

主编◎陈培毅

吉林科学技术出版社

图书在版编目（CIP）数据

小食光！人气轻食简餐 / 陈培毅主编. -- 长春：
吉林科学技术出版社，2019.12
ISBN 978-7-5578-3644-3

Ⅰ．①小… Ⅱ．①陈… Ⅲ．①食谱 Ⅳ.
①TS972.12

中国版本图书馆CIP数据核字 (2018) 第073270号

小食光！人气轻食简餐
XIAOSHI GUANG! RENQI QINGSHI JIANCAN

主　　编　陈培毅
出 版 人　李　梁
责任编辑　李思言　郭劲松
书籍装帧　长春创意广告图文制作有限责任公司
封面设计　长春美印图文设计有限公司
幅面尺寸　185 mm × 260 mm
字　　数　125千字
印　　张　10
印　　数　5 000册
版　　次　2019年12月第1版
印　　次　2019年12月第1次印刷

出　　版　吉林科学技术出版社
发　　行　吉林科学技术出版社
地　　址　长春市净月区福祉大路5788号出版集团A座
邮　　编　130118
发行部电话/传真　0431-81629529　81629530　81629531
　　　　　　　　　　　　　　　81629532　81629533　81629534
储运部电话　0431-86059116
编辑部电话　0431-81629517
印　　刷　吉广控股有限公司

书　　号　ISBN 978-7-5578-3644-3
定　　价　49.90元

前　言

　　"轻食"一说，最早是从欧洲传过来的。被解释为快餐、简单食物的"Snack"，是轻食的代表词之一。所以说，轻食的含义是指简易、不用花太多时间就能吃饱的食物。

　　本书精选了 70 余款美味健康的人气轻食简餐，共分为好食拌菜、居家西餐、炖煮时光、温暖蒸食、甜蜜如初五个章节。书中的菜品用普通的食材、厨房常备的调味料就可以完成，简单又美味。本书的美食力求以营养均衡的形式出现，让每一天的幸福都从一份营养美味的简餐开始。

　　本书的轻食简餐种类丰富，读者朋友们可以根据本书制作出适合自己的美味轻食简餐。

目录
CONTENTS

✱ 第一章
好食拌菜

8　红油猪蹄筋

10　银芽鸡丝

12　菠菜拌蛤蜊仁

14　菠萝沙拉拌鲜贝

16　荠菜拌香干

18　酸香胡萝卜

20　西芹拌百合

22　芥末鸭掌

24　果茶拌莲藕

✱ 第二章
居家西餐

28　巴西风味鸡肉沙拉

30　鹌鹑蔬菜沙拉

32　蒜蓉牛油焗青口贝

34　橙味鸭胸肉

36　西班牙海鲜饭

38　泰式柚子鲜虾沙拉

40　法式煎鹅肝

42　意大利肉酱意面

44　法式鸡蛋酿鱼子酱

46　椰菜牛肉卷

48　比基达猪排

50　安格斯肉眼牛扒

52　芝士焗龙虾仔

54　香煎银鳕鱼

56　意式香草酱面条

58　吞拿鱼沙拉

60　瑞士蛋糕卷

62　美式芝士蛋糕

64　冻奶油芝士蛋糕

66　虾仁罗勒意面

68　香草奶油杂菌汤

70　法式洋葱牛丸汤

72　烤牛柳

112 锦绣蒸鸡蛋

114 剁椒蒸白菜

116 蛋黄鸭卷

* # 第三章
炖煮时光

76 排骨炖白菜

78 鸡汁芋头烩豌豆

80 芦笋南瓜乌鸡汤

82 胡萝卜炖羊腩

84 豌豆苗玉米汤

86 莲藕瘦肉干贝汤

88 火腿焖白菜

90 红豆莲藕炖乌鸡

92 海带萝卜汤

94 菌菇扇贝汤

* # 第四章
温暖蒸食

98 豉椒蒸草鱼

100 三色花蛋

102 翡翠鳕鱼脯

104 清蒸大蟹

106 冬瓜海鲜卷

108 葱蒸干贝

110 腐乳茄子鸡

* # 第五章
甜蜜如初

120 番薯芋头糯米粥

122 黑芝麻糊汤圆

124 莲子百宝糖粥

126 黑糯米甜麦粥

128 大米番薯粥

130 冬瓜银耳糖水

132 海底椰大枣杞子糖水

134 赤小豆糖水

136 大枣雪梨糖水

138 杏仁苹果糖水

140 燕麦小米粥

142 桂花紫薯糖水

144 桂花西米露

146 西米布丁

148 桂圆杏仁露

150 菠萝红豆沙

152 奶香绿豆冰爽

154 红豆沙布丁

156 清香菠萝冰

158 奶豆腐布丁

目录 CONTENTS

第一章

好食拌菜

红油猪蹄筋

小食光！

用料

猪蹄筋150克，青笋100克，生抽、葱花各10克，食用油、鸡精、精盐、味精、白糖、花椒油、香油、熟芝麻各适量，红油15克。

做法

1. 葱花、精盐、白糖、生抽、味精、鸡精、香油放入碗中，调成味汁。

2. 青笋去皮，洗净，切成薄片，放入沸水中焯烫一下，捞出沥干。

3. 猪蹄筋洗净，放入温水中浸泡30分钟，捞出沥水，再放入热水中浸泡1小时，捞出沥水。

4. 锅置火上，加入清水烧沸，放入猪蹄筋焯烫一下，捞出沥干，切成段。

5. 另起锅，加入食用油烧至四成热，放入猪蹄筋滑油，捞出沥油。

6. 青笋片、猪蹄筋段放入容器内，加入调好的味汁拌匀，放入冰箱内冷藏保鲜，食用时取出，码放在盘内，再淋入红油、花椒油，撒上熟芝麻即可。

银芽鸡丝

小食光！

🔥 用料

熟鸡肉250克，绿豆芽50克，白糖、精盐、味精各5克，酱油、醋各4克，蒜泥、红油、葱花各适量。

👨‍🍳 做法

1. 将熟鸡肉切成丝；绿豆芽去两头后洗净，放入沸水锅中焯至断生后捞起，放入凉开水中漂凉，沥水，用精盐拌匀。
2. 豆芽装盘垫底，盖上鸡丝，把由精盐、味精、酱油、白糖、醋、蒜泥、红油调成的味汁淋入盘中，撒上葱花即可。

菠菜拌蛤蜊仁

小食光！

🔥 用料

活蛤蜊750克，菠菜250克，蒜瓣50克，姜末、精盐、料酒、米醋、香油、食用油各适量。

👨‍🍳 做法

1. 蒜瓣去皮，洗净，放入碗中捣成泥，加少许精盐、料酒拌匀成蒜泥；菠菜去根和老叶，洗净，切成3厘米长的段，放入加有少许食用油的沸水中焯烫一下，捞出过凉，沥水；蛤蜊洗净，捞出，放入沸水锅中煮至开口，捞出凉凉，去外壳，取出蛤蜊仁后放入碗中，加入煮蛤蜊的原汤浸泡。
2. 锅置火上，加入食用油烧至八成热，下入姜末煸炒出香味，倒入碗中，加入精盐、米醋、蒜泥、香油，调拌均匀成味汁。
3. 菠菜段加入一半味汁调拌均匀，放入盘中央垫底，蛤蜊仁加入另一半味汁拌匀，放在菠菜段上即可。

菠萝沙拉拌鲜贝

小食光！

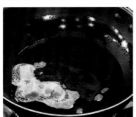

🔥 用料

鲜贝350克，菠萝100克，黄瓜块80克，洋葱、红椒各25克，鸡蛋1个，食用油、精盐、胡椒粉、味精各少许，面粉20克，沙拉酱适量。

🍳 做法

1. 鲜贝洗净，切成两半，放入碗中，加入胡椒粉、精盐、味精拌匀，稍腌。
2. 鸡蛋磕入碗中，加入面粉、食用油调拌均匀成糊。
3. 红椒、洋葱分别洗净，均切成三角片；菠萝去皮，洗净，切成小块。
4. 腌好的鲜贝放入糊中裹匀，再放入热油锅中炸至熟透，捞出沥油，放入大碗中，加入沙拉酱、菠萝块、红椒片、洋葱片拌匀，放入装有黄瓜块的盘中即可。

荠菜拌香干

小食光！

🔥 用料

荠菜500克，香豆腐干400克，榨菜末25克，食用油、精盐、味精、白糖、香油各适量。

👨‍🍳 做法

1. 荠菜洗净，放入沸水中略焯，取出切成末；香豆腐干切成末。
2. 锅中加食用油烧热，放入香豆腐干末、榨菜末煸香，盛出凉凉。
3. 将荠菜末、凉凉的香豆腐干末和榨菜末一起放入盘中，加精盐、味精、白糖、香油拌匀即可。

酸香胡萝卜

小食光！

🔥 用料

去皮胡萝卜条、米汤各500克，花椒、干辣椒各10克，味精、食用油各适量，冰糖、高汤各20克，精盐、香油各15克。

🍳 做法

1. 将胡萝卜条放入坛内；锅置火上，放入花椒、精盐和冰糖炒香，再加入米汤调匀，倒入盛胡萝卜条的坛内，盖上坛盖，加入适量清水，腌2天。

2. 另起锅，加食用油烧热，下入干辣椒炒香，取出捣碎，放入碗内，倒入高汤、精盐、味精、香油调匀成味汁，食用时把腌好的胡萝卜条放在盘内，淋上调制好的味汁即可。

西芹拌百合

小食光！

用料

西芹200克，百合100克，精盐、味精、香油各5克。

做法

1. 西芹刮去外表的膜皮，放入清水中洗净，斜刀切成片；百合选新鲜、色白者，去头部，使之成松散的片，用清水洗净。

2. 锅中烧水至沸腾，放入西芹片，断生后再放入百合片，色泽米白、质稍软时，与西芹一同捞起，用冷水漂凉，捞出沥水，放入容器中，加入精盐、味精、香油，充分拌匀后装盘即可。

芥末鸭掌
小食光！

🔥 用料

鸭掌500克，大葱25克，姜片15克，精盐、芥末各5克，食用油、味精、白糖、料酒、白醋各10克。

👨‍🍳 做法

1. 大葱去根和老叶，洗净，一半切成段，另一半切成细丝；芥末放入碗中，加入少许沸水拌匀，做成芥末糊。

2. 鸭掌洗净，剥去表面黄膜，剁去掌尖，入沸水锅内焯烫一下，捞出鸭掌过凉，再放入清水锅中，加入料酒、葱段和姜片，用大火煮沸，再转中火煮熟，捞出用冷水泡透，切成块。

3. 锅置大火上，加入食用油烧至七成热，下入葱丝炒出香味，倒入碗中，再加入精盐、白醋、白糖、味精拌匀成味汁。

4. 鸭掌码放在盘内，淋上调好的味汁和芥末糊，拌匀即可。

果茶拌莲藕

小食光！

🔥 用料

莲藕500克，果茶25克。

🍳 做法

1. 莲藕削净表皮，切成薄片，放入凉水中浸泡透。
2. 锅中加适量清水烧开，再下入莲藕片烧开，捞出放入凉水中浸透，捞出沥干，放入盘中，淋上果茶拌匀即可。

第二章

居家西餐

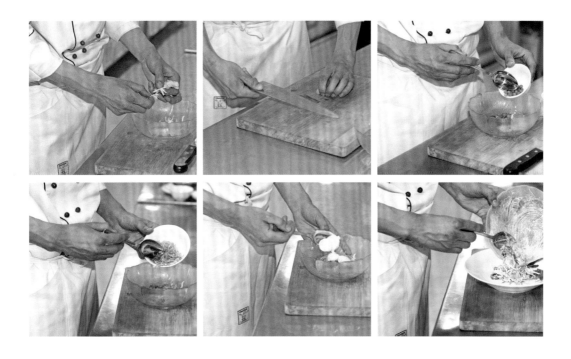

巴西风味鸡肉沙拉

小食光！

🔥 用料

　　煮熟的鸡胸肉、炸好的土豆丝各100克，胡萝卜10克，青豆5克，圣女果20克，蛋黄酱25克，球茎茴香适量。

👨‍🍳 做法

1. 煮熟的鸡胸肉撕成细丝；胡萝卜切成细丝；圣女果切成片。

2. 取一只沙拉碗，放入鸡胸肉丝、胡萝卜丝、圣女果片、煮熟过凉的青豆、炸好的土豆丝、蛋黄酱调拌均匀，点缀球茎茴香即可。

鹌鹑蔬菜沙拉

小食光！

🔥 用料

鹌鹑1只，熟鹌鹑蛋2个，芦笋100克，精盐2克，红椒、红葡萄酒、四季胡椒碎各适量，球茎茴香、百里香、柠檬汁各1克，橄榄油5克，蒜末6克。

🍳 做法

1. 鹌鹑剔出净肉，用蒜末、柠檬汁、精盐、四季胡椒碎、红葡萄酒和百里香腌透，再煎至全熟。
2. 芦笋切段，焯水，过凉；鹌鹑蛋切成片；红椒切碎。
3. 将上述原料及煎熟的鹌鹑肉放入碗中，加入橄榄油、精盐略拌。
4. 装盘，撒上四季胡椒碎、百里香，再点缀球茎茴香即可。

蒜蓉牛油焗青口贝

小食光！

用料

青口贝1只，牛油30克，蒜碎20克，薯泥50克，欧芹碎、精盐各5克，时令蔬菜适量。

做法

1. 煎锅置火上，放入牛油、蒜碎，炒至呈金黄色，加入精盐、欧芹碎，制成香草蒜蓉牛油汁，倒入汁船。

2. 取一只锅，倒入适量清水烧开，放入青口贝，焯烫至熟后取出。

3. 配以薯泥及时令蔬菜装盘，淋上香草蒜蓉牛油汁即可。

橙味鸭胸肉

小食光！

🔥 用料

鸭胸肉180克，洋葱碎、圣女果、红椒碎各10克，橙子250克，橙皮丝少许，精盐、白胡椒粉各3克，红葡萄酒、食用油各适量。

👨‍🍳 做法

1. 鸭胸肉用红葡萄酒、精盐、白胡椒粉、食用油腌制；橙子去皮后取果肉，切成小块。

2. 扒台加热至180℃，放入腌好的鸭胸肉煎至上色。

3. 取一只汤锅，放入洋葱碎、红椒碎炒香，再加入橙肉块及红葡萄酒，煎上色的鸭胸肉倒入锅中，添入适量的清水，用精盐、白胡椒粉调味，煮至熟透。

4. 将圣女果对半切开；煮熟的鸭胸肉切成片，摆盘。

5. 煮鸭胸肉的汤汁收浓，淋在切好的鸭胸肉片上，用切好的圣女果和橙皮丝装饰即可。

西班牙海鲜饭

小食光！

🔥 用料

意大利米400克，青口贝3只，鲜虾2只，鱿鱼卷30克，红葡萄酒、洋葱片各120克，红椒粒100克，去皮蚕豆180克，鱼汤1200克，蒜碎、藏红花、番茄酱各适量，红椒粉10克，欧芹粒40克，橄榄油70克。

👨‍🍳 做法

1. 锅中加入适量橄榄油烧热，下入鲜虾、鱿鱼卷炒1分钟后，放入橄榄油、洋葱片、红椒粒、番茄酱炒香，加入鱼汤、青口贝和红葡萄酒、一半的藏红花、红椒粉、意大利米，不用上盖，用小火煮12~14分钟至米饭全熟。
2. 加入去皮蚕豆、剩余的藏红花、红椒粉和少许橄榄油搅拌均匀，撒上欧芹粒，装盘即可。

泰式柚子鲜虾沙拉

小食光！

🔥 用料

红心蜜柚100克，熟虾仁10只，豌豆苗30克，红椒10克，柠檬汁8克，白糖5克，莳萝1克，罗勒叶适量。

👨‍🍳 做法

1. 红椒洗净，切成末；红心蜜柚去皮，取出肉后放入碗中；豌豆苗择洗干净，下入沸水中焯烫，捞出沥水。
2. 将熟虾仁倒入装有柚子肉的碗中，倒入柠檬汁、白糖调匀。
3. 盘中摆上豌豆苗，再放入拌好的虾仁和柚子肉，最后点缀罗勒叶，撒上莳萝和红椒末即可。

法式煎鹅肝

小食光！

🔥 用料

进口鹅肝150克，法包片1片，柠檬50克，紫甘蓝丝、球茎茴香、胡萝卜丝各2克，洋葱碎、鸡精、白兰地、干白葡萄酒、橄榄油各20克，黄油、淡奶油各适量，精盐、白胡椒粉各少许，香草15克。

👨‍🍳 做法

1. 取平底煎锅，倒入橄榄油烧热，下入洋葱碎、香草炒香，加入干白葡萄酒略煮，取鲜柠檬切开，挤出柠檬汁入锅，加入白胡椒粉、精盐调味，倒入淡奶油烧开，放入熔化后的黄油，制成奶油香草汁，倒入汁船中。

2. 鲜鹅肝用精盐、鸡精、白胡椒粉、白兰地腌2~3分钟。

3. 锅置火上，放入少许橄榄油烧热，腌制好的鲜鹅肝放入平底锅中，煎至两面金黄，取出后配以紫甘蓝丝、胡萝卜丝、球茎茴香和法包片装盘，最后淋上奶油香草汁即可。

意大利肉酱意面

小食光！

🔥 用料

意大利面150克，茄膏、牛肉馅各30克，洋葱碎、胡萝卜碎、西芹碎各10克，食用油、芝士粉、淡奶油、黑胡椒碎各少许，香草5克，鸡精、精盐各3克，白糖适量。

👨‍🍳 做法

1. 牛肉馅、洋葱碎、西芹碎、胡萝卜碎用食用油炒香，再倒入茄膏略炒，然后加入适量清水烧开，加入黑胡椒碎熬1~2小时，再放入适量的精盐、白糖、鸡精调味，调好的牛肉酱放在一边。

2. 锅置火上，加水烧开，放入意大利面煮至熟透，捞出沥水。

3. 另起锅，放入意大利面、牛肉酱、淡奶油，汁收干后装盘，撒上芝士粉、香草即可。

法式鸡蛋酿鱼子酱

小食光！

🔥 用料

　　胡萝卜、紫甘蓝、蛋黄酱各10克，黑红鱼子酱、洋葱各5克，鸡蛋2个，百里香1克，柠檬3克。

👨‍🍳 做法

1. 紫甘蓝、胡萝卜切成细丝；洋葱切碎。
2. 鸡蛋用水煮熟，去皮切半，取出鸡蛋黄，压碎后加入洋葱碎、蛋黄酱，挤入柠檬汁搅拌均匀，装入裱花袋中，在蛋白里裱花。
3. 放上黑红鱼子酱，制作好的鸡蛋摆入盘中，然后将紫甘蓝丝和胡萝卜丝摆入盘中，用百里香点缀即可。

椰菜牛肉卷

小食光！

用料

椰菜叶、牛肉馅各150克，洋葱碎、西芹碎、胡萝卜碎各20克，油醋汁、精盐、鸡精各少许，黑胡椒碎10克，鱼子酱3克，食用油、紫甘蓝、橙皮丝、土豆泥、红椒块各适量。

做法

1. 西芹碎、胡萝卜碎、洋葱碎、精盐、鸡精、黑胡椒碎、食用油与牛肉馅搅拌均匀；椰菜叶下入沸水中焯透，将拌好的牛肉馅卷入椰菜叶中，制成椰菜卷。

2. 椰菜卷放入烤盘中，淋上少许食用油，再放入烤箱内烤制，烤熟后取出，装盘配以鱼子酱，淋油醋汁，用橙皮丝、紫甘蓝、土豆泥、红椒块装饰即可。

比基达猪排

小食光！

用料

猪里脊180克，鸡蛋1个，食用油、芝士粉各适量，鸡精、精盐各3克，油醋汁10克。

做法

1. 鸡蛋打散，加入芝士粉、精盐、鸡精搅拌均匀；猪里脊用肉锤砸松，放入鸡蛋液中腌3~5分钟。

2. 锅置火上，倒入食用油烧热后，放入腌好的猪排，煎至全熟且表面呈金黄色，放在盘中，淋油醋汁，装饰即可。

安格斯肉眼牛扒

小食光！

🔥 用料

　　澳大利亚安格斯牛肋肉180克，豆苗3克，薯格50克，精盐、白胡椒粉各5克，黑胡椒碎、绿胡椒各10克，布朗少司100克，洋葱碎、佐餐级红葡萄酒各20克，淡奶油15克，食用油适量。

🍳 做法

1. 锅置火上，倒入食用油烧热，放入洋葱碎炒香，放入绿胡椒略炒，倒入红葡萄酒、布朗少司、精盐、淡奶油调匀，制成绿胡椒汁，倒入汁船。
2. 牛肋肉用红葡萄酒、精盐、白胡椒粉、黑胡椒碎、食用油腌5分钟。
3. 另起锅，倒入食用油烧热，放入腌好的牛肋肉煎至所需成熟度，取出，配豆苗及薯格装盘，淋上绿胡椒汁，装饰即可。

芝士焗龙虾仔

小食光！

🔥 用料

龙虾仔1只，土豆泥、黄油各100克，蒜碎、巴拿马芝士碎各20克，香草、食用金箔、欧芹碎各5克，白兰地10克，精盐、胡椒粉各少许。

👨‍🍳 做法

1. 黄油与蒜碎、欧芹碎一同混合并搅拌均匀。

2. 龙虾背剖开，用精盐、胡椒粉、白兰地腌2分钟，在切开的龙虾表面涂抹拌好的黄油，撒上巴拿马芝士碎。

3. 焗炉预热至220℃，放入龙虾焗10分钟左右，至全熟且外表金黄后取出。

4. 装盘时用土豆泥及香草、食用金箔装饰即可。

香煎银鳕鱼

小食光！

🔥 用料

银鳕鱼150克，熟杏仁片、意大利贝壳面各50克，柠檬25克，洋葱碎、红椒碎、欧芹碎、精盐、鸡精各10克，干白葡萄酒、白兰地各15克，黄油、淡奶油各30克，白胡椒粉少许，橄榄油、面粉各适量。

🍳 做法

1. 锅置火上，倒入橄榄油烧热，放入洋葱碎炒香，再倒入干白葡萄酒略煮，然后取鲜柠檬，挤出柠檬汁入锅，加入白胡椒粉、精盐调味，倒入淡奶油烧开，加入熟杏仁片略煮，打入黄油，制成杏仁黄油汁，倒入汁船。

2. 银鳕鱼用精盐、鸡精、白胡椒粉、白兰地、柠檬汁腌3~4分钟。

3. 取法兰板预热，加入橄榄油，腌制好的银鳕鱼裹上面粉，放入锅中煎熟，配以意大利贝壳面、欧芹碎、红椒碎装盘，最后淋上杏仁黄油汁即可。

意式香草酱面条

小食光！

用料

煮熟的意大利面250克，松子仁（烘干）50克，罗勒叶、欧芹叶各30克，蒜碎5克，帕尔马干酪100克，橄榄油130克，精盐3克，番茄粒适量。

做法

1. 罗勒叶、欧芹叶、松子仁、蒜碎、帕尔马干酪、精盐与橄榄油一起放入搅拌机内打碎，直至混合物成糊，制成香草酱。
2. 打好的香草酱倒入碗内，然后倒入煮熟的面条，搅拌均匀后装盘，撒上番茄粒即可。

吞拿鱼沙拉

小食光！

🔥 用料

吞拿鱼罐头100克，紫叶生菜、红椒粉、球茎茴香各1克，煮熟的土豆、青椒、红椒各50克，番茄、洋葱各30克，黑水橄榄3克，黄瓜碎5克，蛋黄酱20克，精盐2克。

🍞 做法

1. 洋葱、青椒、红椒、黑水橄榄、番茄均切成碎粒；熟土豆压碎成蓉。
2. 吞拿鱼放入碗中，加入熟土豆蓉、青椒碎、红椒碎、黄瓜碎、蛋黄酱、红椒粉、番茄碎、洋葱碎、黑水橄榄碎、精盐搅拌均匀，放入模具中，再摆盘，盘头放紫叶生菜，用球茎茴香点缀即可。

瑞士蛋糕卷

小食光！

用料

　　鸡蛋4个，低筋面粉100克，白糖30克，蛋糕油、蓝莓馅、巧克力、打发的奶油各适量。

做法

1. 鸡蛋、低筋面粉、白糖、蛋糕油倒入打蛋器中快速打发，制成蛋糕糊。
2. 烤盘刷油，铺上油纸，蛋糕糊倒入烤盘内，抹平，入炉用上火180℃、下火160℃烘烤。
3. 烤好的蛋糕片去表皮，将打发的奶油、蓝莓馅抹在蛋糕片上。
4. 用油纸将蛋糕从后向前卷起，蛋糕卷切成小块后用巧克力装饰即可。

美式芝士蛋糕

小食光！

🔥 用料

奶油芝士670克，鸡蛋270克，巧克力棒、黄油、薄蛋糕片、时令水果各适量，白糖170克。

👨‍🍳 做法

1. 将鸡蛋的蛋黄、蛋白分开，蛋白加入白糖打发。

2. 模具用油纸包好，取一片薄蛋糕片放入模具内。

3. 黄油加入奶油芝士中打发，然后加入蛋黄搅匀，再与打发的蛋白搅拌均匀成蛋糕糊，倒入模具中抹平。

4. 放入烤箱中，用上火180℃、下火150℃烘烤，烤至呈金黄色，出炉冷却。

5. 用刀切成三角形小块，放入盘中，用水果、巧克力棒装饰即可。

冻奶油芝士蛋糕

小食光！

🔥 用料

消化饼干300克，奶油芝士500克，奶油400克，蛋黄15克，白糖90克，牛奶10克，吉利丁片30克，牛油70克。

🍳 做法

1. 将消化饼干压碎，加入软化后的牛油搅拌均匀，和好的饼干碎放入模具中。

2. 另取一只碗，将蛋黄和白糖放入碗中搅匀，再加入牛奶、打发后的奶油拌匀，加入奶油芝士和化好的吉利丁片搅匀，然后倒在铺好饼干碎的模具中，放入冰箱中冷冻，取出蛋糕切成三角形，装饰即可。

虾仁罗勒意面

小食光！

🔥 用料

意大利螺丝面100克，熟虾仁25克，黑水橄榄6克，红酒醋15克，精盐、四季胡椒碎、罗勒叶各10克，牛至叶1克，橄榄油20克，青椒碎、红椒碎、圣女果各适量。

👨‍🍳 做法

1. 意大利螺丝面放入加有精盐的开水锅中煮熟，捞出，放入冰水中过凉；圣女果切小块，黑水橄榄切圈。

2. 碗内放入煮熟的虾仁、圣女果、黑水橄榄圈、意大利螺丝面，倒入用青椒碎、红椒碎、橄榄油、红酒醋、精盐制成的油醋汁调拌均匀，摆入盘内，点缀罗勒叶、牛至叶，撒上四季胡椒碎即可。

香草奶油杂菌汤

小食光！

🔥 用料

　　香菇、鲜蘑、口蘑、干白葡萄酒各100克，洋葱、西芹、培根各25克，百里香、迷迭香各5克，紫苏、调好的白汁、食用油各适量，鸡精、蘑菇粉、精盐、淡奶油各少许。

👨‍🍳 做法

1. 香菇、鲜蘑、口蘑切成条；洋葱、西芹、培根切碎。

2. 锅置火上，倒入食用油，烧至五成热时放入培根碎炒香，倒入洋葱、西芹炒香，倒入切好的菌类翻炒，放入百里香、迷迭香、紫苏炒软，倒入干白葡萄酒略煮，倒入调好的白汁煮透，用精盐、鸡精、蘑菇粉调味，最后放入淡奶油即可。

法式洋葱牛丸汤

小食光！

用料

牛肉馅750克，胡萝卜200克，鸡蛋150克，鸡油、洋葱各250克，牛肉清汤2500克，泰椒50克，香叶1克，精盐15克，胡椒粉、味精各适量。

做法

1. 牛肉馅放入碗内，加入5克精盐、50克鸡油、胡椒粉、味精、鸡蛋搅拌均匀，倒入清水，和成肉泥；胡萝卜和洋葱切丁。

2. 锅置火上，加水烧开，把肉馅挤成丸子，放入开水锅内，待丸子漂起时，把原汤滗出，丸子放入冷水里洗去浮沫，控净水。

3. 往净锅内放入200克鸡油，烧至五成热时，放入胡萝卜丁、洋葱丁、香叶、胡椒粉、泰椒翻炒均匀，倒入牛肉清汤烧开，放入精盐、胡椒粉、味精调匀，把丸子放入汤中，改小火稍煮，起锅装盘装饰即可。

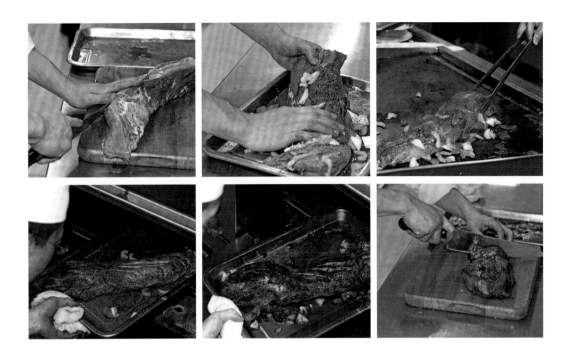

烤牛柳

小食光！

🔥 用料

　　牛柳1000克，洋葱、西芹、胡萝卜各50克，精盐、黑胡椒碎各5克，红葡萄酒、食用油各少许。

👨‍🍳 做法

1. 牛柳去筋；洋葱、西芹、胡萝卜切小块。
2. 牛柳用切好的蔬菜块、红葡萄酒、精盐、黑胡椒碎腌24小时。
3. 扒台加热至180℃，放入腌好的牛柳煎至上色后，放入烤盘中，淋上少许食用油，再放入烤箱中烤制，烤熟后取出，放在砧板上改刀，撒上黑胡椒碎即可。

第三章

炖煮时光

排骨炖白菜

小食光！

用料

猪排骨、白菜头各250克，葱、姜、肉汤、香菜梗各10克，食用油、精盐、味精、花椒水各适量。

做法

1. 把排骨剁成3厘米长的段；白菜头切成长方块；香菜梗切成小段；葱、姜切成块。

2. 锅置火上，倒入清水，水烧开后放入排骨烫一下，取出，再用水冲洗净血沫。

3. 净锅内放入少量食用油，油烧热时放入葱块、姜块炸锅，再放入白菜煸炒至半熟，添肉汤，加入排骨、精盐、花椒水烧开，转至小火炖烂，放入味精、香菜梗即可。

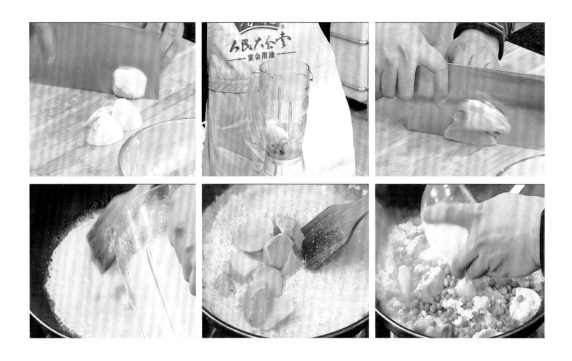

鸡汁芋头烩豌豆

小食光！

🔥 用料

芋头300克，豌豆粒100克，鸡胸肉50克，鸡蛋1个，葱段、姜片各10克，精盐、胡椒粉各5克，料酒6克，水淀粉8克，食用油适量。

👨‍🍳 做法

1. 芋头洗净，入锅蒸30分钟至熟，取出后去皮，切成滚刀块；豌豆粒洗净，沥水。

2. 鸡胸肉洗净，切成块，放入粉碎机中，加入葱段、姜片、鸡蛋、料酒、胡椒粉、适量清水打成鸡汁。

3. 锅置火上，加入食用油烧热，倒入打好的鸡汁不停地搅炒均匀，再放入芋头块，加入精盐炖煮5分钟，然后放入豌豆粒烩至断生，用水淀粉勾芡，加入胡椒粉推匀，倒入净砂煲中，置火上烧沸，装碗上桌即可。

芦笋南瓜乌鸡汤

小食光！

🔥 用料

乌鸡400克，猪瘦肉、芦笋段各100克，南瓜150克，葱花、姜片、花椒粒、月桂叶、精盐、鸡精、料酒、食用油各适量。

👨‍🍳 做法

1. 乌鸡洗净，剁成块，用沸水略焯，捞出；猪瘦肉洗净，切成片；南瓜去瓤，洗净，切成块。

2. 锅中加食用油烧热，下入葱花、姜片炒香，再放入猪肉片、南瓜块略炒，然后加入料酒及适量清水煮沸，再放入乌鸡块、芦笋段、花椒粒、月桂叶，加入精盐、鸡精炖至熟烂入味，出锅装碗即可。

胡萝卜炖羊腩

小食光！

🔥 用料

羊腩肉300克，胡萝卜200克，葱段15克，姜片5克，精盐6克，味精、胡椒粉各10克，清汤750克，料酒、食用油各适量。

👨‍🍳 做法

1. 羊腩肉洗净，切成小块，再用沸水焯透，捞出沥干；胡萝卜洗净，去皮，切成菱形块。

2. 坐锅点火，加油烧至四成热，先下入葱段、姜片炒香，再添入清汤，放入羊腩肉炖至八分熟，然后加入胡萝卜块、料酒、精盐、味精炖至熟烂，再撒入胡椒粉调匀，即可出锅装碗。

豌豆苗玉米汤

小食光！

🔥 用料

　　嫩玉米600克，豌豆苗100克，精盐、白糖各5克，清汤适量。

👨‍🍳 做法

1. 嫩玉米剥去外皮，择净玉米须，用清水洗净，搓下嫩玉米粒；豌豆苗洗净，用开水烫一下，捞出沥水。

2. 锅置火上，加入清水烧沸，放入玉米粒煮约2分钟，捞出沥水，放入碗中，加入清汤，上笼蒸6分钟左右，取出。

3. 另起锅，加入清汤、精盐、白糖烧沸，再倒入嫩玉米粒和豌豆苗，快速汆烫一下，离火出锅，盛入汤碗中，上桌即可。

莲藕瘦肉干贝汤

小食光！

🔥 用料

莲藕300克，猪瘦肉250克，干贝6克，葱花、姜片各5克，精盐7克，味精10克，料酒8克。

🧑‍🍳 做法

1. 莲藕去皮，洗净，切成小块；干贝洗净，放入温水中浸软，捞出沥水；猪瘦肉洗净，切成小块，放入清水锅中烧沸，焯烫一下，捞出，用清水洗净，沥水。

2. 净锅中加入适量清水烧沸，放入猪瘦肉块、干贝、姜片、葱花、莲藕块，转中火炖约30分钟，再转小火炖10分钟至软熟，加入精盐、味精、料酒调味，出锅装碗即可。

火腿焖白菜

🔥 用料

白菜500克，冬笋片50克，火腿片30克，水发木耳20克，食用油、鸡腿菇、西红柿、洋葱末、葱花各适量，精盐、白糖、胡椒粉各5克，牛奶60克。

👨‍🍳 做法

1. 白菜、西红柿洗净，切成片；火腿片夹入白菜中；木耳择洗干净，撕小朵；鸡腿菇择洗干净。

2. 净锅中加入食用油烧热，下入洋葱末炒香，添入清水，再放入夹好火腿片的白菜，然后放入冬笋片、木耳、鸡腿菇、西红柿片烧沸，加入牛奶、精盐、白糖、胡椒粉焖至入味，撒入葱花即可。

红豆莲藕炖乌鸡

小食光！

🔥 用料

乌鸡1只（约750克），莲藕200克，红豆50克，枸杞子15克，姜片、葱段、味精、鸡精各5克，精盐10克，胡椒粉、料酒各适量。

🍲 做法

1. 乌鸡洗净，剁成小块，同冷水入锅，沸后煮约5分钟，捞出用清水洗去污沫；莲藕刮洗干净，先纵剖成两半，用刀拍松，再切成块。

2. 乌鸡块、莲藕块共同放入砂锅内，放入红豆、姜片、葱段、适量清水和料酒大火烧沸，撇去浮沫，改小火炖至乌鸡肉软烂时，放入枸杞子，调入精盐、味精、鸡精、胡椒粉炖至入味，即可出锅。

海带萝卜汤

小食光！

🔥 用料

海带50克，青萝卜500克，甜梨60克，大枣20克，精盐、白糖、胡椒粉各5克。

👨‍🍳 做法

1. 青萝卜洗净，切成块，放入开水中焯一下；甜梨、大枣分别洗净，甜梨切成块。
2. 汤锅置大火上，放入适量清水，加入海带、青萝卜块、甜梨块、大枣，烧开后用小火煮2小时，最后加入精盐、白糖、胡椒粉，出锅即可。

菌菇扇贝汤

小食光!

♨ 用料

扇贝150克，香菇、金针菇各200克，葱丝、姜丝各4克，精盐3克，味精5克，料酒、食用油各适量，胡椒粉、香油各少许，上汤100克。

👨‍🍳 做法

1. 扇贝连壳洗净；香菇洗净；金针菇去蒂，洗净。
2. 锅中加食用油烧热，先爆香姜丝、葱丝，再下入扇贝，烹入料酒，添入上汤煮滚，然后加入精盐、味精、胡椒粉调味，再放入香菇、金针菇煮至汤呈乳白色，最后淋入香油，出锅装碗即可。

第四章

温暖蒸食

豉椒蒸草鱼

小食光！

用料

净草鱼2000克，青椒丁、红椒丁各少许，食用油、香葱丁、蒜末、豆豉、蚝油、一品鲜酱油、白糖、胡椒粉、味精、香油、料酒各适量。

做法

1. 豆豉剁碎，与蒜末分别下入热油中滑散，捞出凉凉，放入碗中，再加入蚝油、一品鲜酱油、白糖、胡椒粉、味精、香油、料酒调匀成蒜泥豉汁。

2. 草鱼洗净，去鳃，切下头尾，摆放在盘子的两端，然后草鱼去骨，取肉，切成厚片，放入盘中。

3. 蒜泥豉汁均匀地浇在鱼片上，再盖上保鲜膜，入蒸锅蒸8分钟至熟，取出后撒上青椒丁、红椒丁、香葱丁，食用油烧热，淋入盘中即可。

三色花蛋

小食光！

用料

鸡蛋10个，黄瓜、胡萝卜各100克，姜末15克，味精、精盐各3克，香油、白醋各10克，冷鲜汤适量。

做法

1. 将蛋黄、蛋白分别装入2个碗中，加入精盐搅匀，上笼蒸制成蛋黄糕、蛋白糕，取出凉凉，切成片；黄瓜、胡萝卜去皮，洗净，切成片。

2. 将蛋黄糕、蛋白糕、黄瓜片、胡萝卜片相间摆放于盘中，取小碗，加入冷鲜汤、精盐、味精、香油、白醋、姜末，调匀成姜汁味碟，随菜品上桌即可。

翡翠鳕鱼脯

小食光！

🔥 用料

银鳕鱼300克，内酯豆腐500克，干贝、荠菜末、精盐、味精、鸡精、胡椒粉、水淀粉、高汤各适量。

👨‍🍳 做法

1. 银鳕鱼洗净，切成厚片；干贝洗净，入笼蒸透，取出搓散；豆腐洗净，切成厚片，放入盘中，再将搓散的干贝放在豆腐中央，然后放入银鳕鱼片。

2. 银鳕鱼、豆腐、干贝上笼蒸熟，取出，再将汤汁滗入锅中，加入高汤，然后放入荠菜末、精盐、味精、鸡精、胡椒粉烧沸，用水淀粉勾薄芡，起锅浇在银鳕鱼上即可。

清蒸大蟹
小食光！

🔥 用料

　　海蟹200克，姜块25克，精盐、味精、白糖、香油各少许，食用油、酱油、白醋、料酒各适量。

🍳 做法

1. 姜块去皮，洗净，取一半捣烂成姜汁，另一半切成细末；姜末放碗中，加入味精、酱油、白醋、白糖、香油调成味汁。

2. 海蟹放入清水盆内，加入少许精盐、食用油，用湿布盖上，静养半天，使海蟹吐净泥沙和杂质，再用刷子刷洗干净。

3. 揭去蟹壳，去灰色蟹鳃，洗净，从中间剁成两半，海蟹放入盘内，撒上精盐、味精、料酒、姜汁，盖上蟹壳。

4. 蒸锅置火上，加入清水烧沸，放入海蟹用大火蒸10分钟，即可蘸味汁食用。

冬瓜海鲜卷

小食光！ ▓▓▓▓▓▓▓▓

🔥 用料

冬瓜500克，鲜虾180克，火腿、香菇、西芹、胡萝卜、精盐、味精、白糖、水淀粉、食用油各适量。

👨‍🍳 做法

1. 冬瓜去皮，洗净，切成薄片；鲜虾洗净，切成蓉；火腿、香菇、西芹、胡萝卜分别洗净，切成条。

2. 冬瓜片用沸水烫软；鲜虾蓉、胡萝卜、西芹、香菇分别用沸水烫熟。

3. 鲜虾蓉、胡萝卜、西芹、香菇、火腿放入碗中，加入精盐、味精、白糖拌匀，用冬瓜片卷成卷，再刷上食用油，入笼蒸约3分钟，取出后摆入盘中，再将蒸汁滗回锅中，用水淀粉勾薄芡，出锅淋在海鲜卷上即可。

葱蒸干贝

小食光！

🔥 用料

　　干贝200克，熟猪油、大葱各100克，冬笋丝、豌豆苗各25克，香菇丝15克，食用油、精盐、味精各少许，酱油、料酒、白糖、水淀粉各10克，鸡清汤150克。

👨‍🍳 做法

1. 干贝洗净，放入碗里，倒入清水，再入蒸笼蒸约20分钟至松软，取出后剔去老筋，放入另一碗里；大葱洗净，切成丝，放入热油锅内炒成黄色后取出。

2. 锅置大火上，加入25克熟猪油烧热，先下入冬笋丝、香菇丝、葱丝略炒，再加入100克鸡清汤、料酒、精盐、味精、酱油和白糖烧沸，出锅倒入干贝碗里，盖上盖，然后入笼用大火蒸约30分钟至熟，取出翻扣盘内。

3. 蒸干贝的原汤汁滗入净锅中，置火上烧热，再加入剩余鸡清汤、料酒、酱油、白糖和少许味精烧沸，用水淀粉勾芡，然后下入豌豆苗烧熟，最后淋入少许熟猪油，趁热浇在干贝上即可。

腐乳茄子鸡

小食光！

🔥 用料

鸡腿500克，茄子100克，香菜段15克，炸蒜片20克，葱末、姜末各少许，香油、精盐、白糖各10克，白腐乳2块，蚝油、料酒各8克，酱油、高汤各适量。

🍳 做法

1. 茄子去皮，洗净，切成条，撒入精盐略腌片刻，再挤去多余的水分，摆入盘中。
2. 鸡腿洗净，去骨，切成条，加白腐乳、高汤、葱末、姜末、酱油、蚝油、料酒、香油、白糖、精盐拌匀稍腌，片刻后放在茄子上，入蒸锅蒸至鸡腿熟嫩入味，取出，撒入香菜段、炸蒜片即可。

锦绣蒸鸡蛋

小食光!

🔥 用料

鸡蛋3个，虾仁、鲜贝、火腿各20克，青椒、红椒各15克，葱末、姜末各5克，精盐、味精、鸡精各6克，白糖、胡椒粉各4克，水淀粉、香油、食用油各适量。

👨‍🍳 做法

1. 虾仁去沙线，洗净，沥水；鲜贝洗净，切成小丁；火腿切成块；青椒、红椒去蒂，洗净，切成块。

2. 白糖、精盐、味精、鸡精、胡椒粉、清水放入碗中，调成味汁。

3. 鸡蛋打入净碗中搅散，加入适量清水调匀成鸡蛋液，入深盘中，用保鲜膜封好，放入蒸锅内，转小火蒸5分钟，开盖后续蒸2分钟，取出。

4. 锅置火上，加入食用油烧至四成热，下入葱末、姜末炒香，放入虾仁、鲜贝、火腿、青椒、红椒炒匀，倒入调好的味汁煮沸，用水淀粉勾芡至浓稠，淋上香油，出锅均匀地浇在蒸好的鸡蛋糕上即可。

剁椒蒸白菜

小食光！

🔥 用料

大白菜心500克，剁椒75克，葱末、姜末、蒜末、蚝油各5克，蒸鱼豉油、胡椒粉各10克，食用油、精盐、味精各适量。

👨‍🍳 做法

1. 大白菜心洗净，切成6瓣，下入沸水锅中烫至五分熟，捞出沥水，码放在盘内。

2. 锅置火上，加入食用油烧至六成热，下入剁椒、精盐、味精、姜末、蒜末、胡椒粉、蚝油和蒸鱼豉油，用小火煸炒5分钟，出锅浇在白菜心上，白菜心放入蒸锅中，用大火蒸8分钟，取出，撒上葱末，淋少许烧热的食用油即可。

蛋黄鸭卷

小食光！

🔥 用料

鸭腿400克，咸鸭蛋黄200克，葱段、姜片、精盐、鸡精、胡椒粉、玉米粉、料酒各适量。

👨‍🍳 做法

1. 鸭腿洗净，用尖刀剔去骨头，再用清水漂洗干净，表面剞上浅十字花刀，放在容器内，放入葱段、姜片、料酒、精盐、鸡精、胡椒粉腌3小时，将腌好的鸭腿肉皮面朝下平铺在案板上，撒上一层玉米粉。

2. 咸鸭蛋黄一切两半，摆成一字形，置鸭腿肉上，卷成肉卷，然后用纱布和细线包裹固定，把加工好的鸭卷放入蒸锅蒸10分钟左右至熟，取出鸭卷，用重物压至冷却，使其固定成形，食用时拆去包裹鸭卷的纱布，顶刀切成片，码放在盘内即可。

第五章

甜蜜如初

番薯芋头糯米粥

小食光！

🔥 用料

糯米200克，番薯、芋头各100克，老姜15克，冰片糖适量。

👨‍🍳 做法

1. 糯米放入清水中浸泡，洗净；番薯、芋头分别去皮，洗净，切成粒。
2. 糯米、番薯粒、芋头粒、老姜、适量清水放入净锅内烧开，改用小火煮50分钟，加入冰片糖，略煮10分钟即可。

黑芝麻糊汤圆

小食光！

🔥 用料

黑芝麻、糯米粉各200克，白糖适量。

👨‍🍳 做法

1. 黑芝麻放入锅中炒香、炒熟，盛出，用料理机搅拌成粉；用开水把糯米粉搅拌均匀，搓成汤丸。
2. 用净锅煮适量开水，倒入黑芝麻粉和白糖搅拌成糊。
3. 汤丸放入清水中煮熟，过冷后加入黑芝麻糊中续煮片刻，即可装碗。

莲子百宝糖粥

小食光！

🔥 用料

莲子50克，百宝粥料100克，白糖适量。

👨‍🍳 做法

1. 莲子用温水浸泡至软，去心；百宝粥料淘洗干净，放入清水中浸泡2小时。

2. 百宝粥料放入锅中，加入适量清水，先用大火烧沸，放入莲子，再改用小火煲约1小时至米烂成粥，然后加入白糖煮至溶化，即可出锅装碗。

黑糯米甜麦粥

小食光！

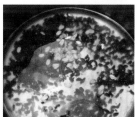

用料

黑糯米150克，麦片100克，白糖适量。

做法

1. 黑糯米、麦片分别淘洗干净，放入清水中浸泡4小时。
2. 坐锅点火，加入适量清水，放入黑糯米和麦片煮沸，改小火煮40分钟，加入白糖煮至溶化即可。

127

大米番薯粥

小食光！

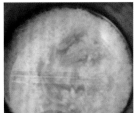

🔥 用料

大米300克，番薯干100克，白糖适量。

🍲 做法

1. 大米提前半天洗净，浸泡；番薯干用清水泡软。

2. 净锅里加适量的清水，将泡好的大米和番薯干一起放入锅中，大火煮开后改小火煮30分钟，加入白糖煮至溶化即可。

冬瓜银耳糖水

小食光！

用料

银耳、冬瓜各100克，莲子10克，冰糖适量。

做法

1. 先把银耳提前泡软，去根部，撕成小朵；莲子提前泡软；冬瓜去皮，切成条。
2. 把银耳、冬瓜条、莲子一起放入锅里，加入清水，大火煮开再改小火煮30分钟，加适量冰糖煮至溶化即可。

海底椰大枣杞子糖水

小食光！

🔥 用料

海底椰200克，大枣20克，枸杞子10克，冰片糖适量。

👨‍🍳 做法

1. 大枣洗净，去核；枸杞子洗净；海底椰洗净，切开。
2. 将海底椰、大枣、枸杞子放入锅内，加入清水煮开后改小火煮40分钟，放入冰片糖煮至溶化即可。

赤小·豆糖水

小食光！

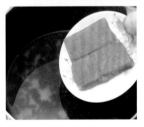

用料

赤小豆400克，冰片糖适量。

做法

1. 提前把赤小豆用清水洗净，浸泡。
2. 把赤小豆放入高压锅中，加清水煮30分钟，放进冰片糖煮至溶化即可。

大枣雪梨糖水

小食光！

🔥 用料

雪梨200克，大枣20克，冰糖适量。

🍳 做法

1. 雪梨清洗干净，去核，切成块；大枣洗净。
2. 锅里加适量的水，放进雪梨块、大枣一起煮开后改小火煮30分钟，加入冰糖煮至溶化即可。

杏仁苹果糖水

小食光！

用料

苹果300克，杏仁15克，银耳20克，大枣10克，冰糖适量。

做法

1. 银耳提前半天浸泡，去根部，撕成小块；苹果去皮，去核，切成块；杏仁、大枣洗净。

2. 锅中加适量的清水，放入以上处理好的材料一起煮30分钟，加入冰糖煮至完全溶化即可。

燕麦小·米粥

小食光！

🔥 用料

燕麦200克，小米100克，冰糖适量。

👨‍🍳 做法

1. 燕麦、小米分别淘洗干净，放入清水中浸泡5小时。
2. 坐锅点火，加入适量清水，放入燕麦、小米用大火煮沸，改用小火煮约30分钟至粥熟，然后加入冰糖煮至溶化即可。

桂花紫薯糖水

小食光！

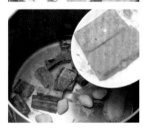

🔥 用料

紫薯400克，白果30克，桂花20克，姜片5克，冰片糖适量。

👨‍🍳 做法

1. 紫薯洗净，去皮，切成大块；桂花用清水浸泡，洗去杂质，再用沸水焯烫一下，捞出沥干；白果去壳，用清水浸泡10分钟，捞出去膜及胚芽，再放入沸水锅中略焯，捞出沥水。

2. 净锅置火上，加入适量清水，先放入桂花，用小火煮10分钟出香味，再撇去浮沫，下入紫薯块、白果、姜片煮约30分钟，捞出姜片不用，放入冰片糖煮至溶化，倒入大碗中即可。

桂花西米露

小食光！

用料

西米200克，桂花糖20克，冰糖适量。

做法

1. 西米提前1小时浸泡，再加入沸水锅中煮15分钟，端离火位，浸10分钟，然后过冷水，放入碗里。

2. 冰糖、桂花糖一起用适量的水煮开，凉凉后放冰箱冷藏。

3. 取出后把冷桂花糖水倒入盛有西米的碗里即可。

西米布丁

小食光！

🔥 用料

　　西米200克，香芋布丁30克，冰糖适量。

👨‍🍳 做法

1. 西米提前20分钟浸泡，然后加入沸水中煮15分钟后离火，加入冰糖煮至溶化，倒入碗中。
2. 把香芋布丁切成块，撒在碗里即可。

桂圆杏仁露

小食光！

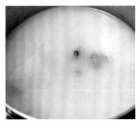

🔥 用料

桂圆肉100克，杏仁20克，冰糖适量。

🍳 做法

把一半杏仁和清水放入榨汁机中榨成汁；桂圆肉洗净，同榨好的杏仁汁、余下的杏仁一起放入锅里煮10分钟，加入冰糖煮至溶化即可。

菠萝红豆沙

小食光！

🔥 用料

红豆200克，菠萝块100克，栗粉50克，白糖适量。

👨‍🍳 做法

1. 红豆提前清洗干净，泡开。
2. 锅中加入适量清水，放入红豆煮熟，加入菠萝块继续煮开，加入白糖煮至溶化后，慢慢倒入栗粉勾芡搅匀即可。

奶香绿豆冰爽

小食光！

用料

绿豆300克，牛奶100克，冰片糖、冰块各适量。

做法

1. 把绿豆提前洗净，泡开。
2. 把干净的绿豆、冰片糖和适量清水用高压锅煮熟，关火后凉凉，用榨汁机搅拌成糊，吃的时候加牛奶和冰块即可。

红豆沙布丁

小食光！

🔥 用料

红豆300克，布丁30克，白糖适量。

👨‍🍳 做法

1. 红豆提前洗净，然后浸泡半天。
2. 锅内加入适量清水，放入红豆、白糖煮40分钟至红豆起沙，装碗，布丁切成小块，放入碗中即可。

清香菠萝冰

小食光！

🔥 用料

　　菠萝200克，淡盐水、白糖、冰糖、冰块各适量。

👨‍🍳 做法

1. 净锅置火上，加入适量清水烧沸，放入冰糖、白糖煮至完全溶化，出锅过滤成冰糖水，装碗凉凉。

2. 菠萝削去外皮，用淡盐水浸泡，再洗净，沥干，切成小块，然后放入沸水锅中焯烫一下，捞出过凉，沥水，放入凉凉的冰糖水中，再加入冰块拌匀，即可饮用。

奶豆腐布丁

小食光！

🔥 用料

甜软豆腐250克，吉利丁片3片，牛奶300克，时令水果、薄荷叶各少许，白糖60克，奶糖球20克。

👨‍🍳 做法

1. 将甜软豆腐放入锅内搅碎，加入白糖、牛奶煮开后，加入泡好的吉利丁片，制成豆腐牛奶。
2. 将煮好的豆腐牛奶倒入模具中，放入冰箱中冷冻，制成豆腐布丁。
3. 取出冻好后的豆腐布丁，切成小块，和奶糖球一起放入杯中，用时令水果、薄荷叶装饰即可。